家装参谋精选图集 第2季

HOME OUTFIT REFERENCE

清新卷

家装参谋精选图集第2季编写组 编

机械工业出版社
CHINA MACHINE PRESS

“家装参谋精选图集”包括5个分册，以当下流行的家装风格为基础，结合不同材料和色彩的要素运用，甄选出大量新锐设计师的优秀作品，通过直观的方式以及更便利的使用习惯重新分类，以期让读者更有效地把握装修风格，理解色彩搭配，从而激发灵感，设计出完美的宜居空间。每个分册均包含家庭装修中最重要的电视背景墙、客厅、餐厅和卧室4个部分的设计图例。各部分占用的篇幅分别为：电视背景墙30%、客厅40%、餐厅15%、卧室15%。每个分册穿插材料选购、设计技巧、施工注意事项等实用贴士，言简意赅、通俗易懂，可以让读者对家庭装修中的各个环节有一个全面的认识。

图书在版编目（CIP）数据

家装参谋精选图集．第2季，清新卷 / 家装参谋精选图集第2季编写组编．— 2版．— 北京 ：机械工业出版社，2015.1
ISBN 978-7-111-49292-4

Ⅰ．①家… Ⅱ．①家… Ⅲ．①住宅－室内装饰设计－图集 Ⅳ．①TU241-64

中国版本图书馆CIP数据核字(2015)第022863号

机械工业出版社（北京市百万庄大街22号 邮政编码 100037）
策划编辑：宋晓磊 责任编辑：宋晓磊
责任印制：乔 宇 责任校对：白秀君
保定市中画美凯印刷有限公司印刷

2015年2月第2版第1次印刷
210mm × 285mm · 6印张 · 190千字
标准书号：ISBN 978-7-111-49292-4
定价：29.80元

凡购本书，如有缺页、倒页、脱页，由本社发行部调换
电话服务
服务咨询热线:(010)88361066
读者购书热线:(010)68326294
(010)88379203
网络服务
机工官网:www.cmpbook.com
机工官博:weibo.com/cmp1952
教育服务网:www.cmpedu.com
金书网:www.golden-book.com

目录 Contents

如何通过电视墙改变客厅的视觉效果

客厅电视墙一般以距离沙发约3m为宜，这样的距离最适合人眼观看电视。如果电视墙的进深大于3m，那么在设计上电视墙的宽度要尽量大于深度，墙面装饰也应该丰富些，可以通过铺贴壁纸、装饰壁画或者涂刷不同颜色的油漆，然后再配以一些小的装饰画框，这样在视觉上就不会感觉空旷了。如果客厅较窄，电视墙到沙发的距离不足3m，可以设计出错落有致的造型进行弥补。例如，可以在墙上安装一些突出的装饰物，或者安装装饰隔板或书架，以弱化电视的厚度，使整个客厅表现出层次感和立体感，产生空间的延伸效果。

电视墙

DIAN SHI QIANG

陶瓷锦砖

印花壁纸

印花壁纸

印花壁纸

肌理壁纸

釉面墙砖　仿古砖

车边银镜

印花壁纸

条纹壁纸

装饰银镜

印花壁纸

陶瓷锦砖

仿古砖

印花壁纸

装饰银镜

印花壁纸

白枫木装饰线

白枫木顶角线

装饰灰镜

印花壁纸

印花壁纸

装饰银镜

车边银镜

印花壁纸

密度板雕花隔断

立体艺术墙贴

印花壁纸

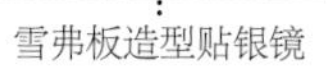

雪弗板造型贴银镜

印花壁纸

装饰银镜

胡桃木装饰假梁

创意搁板

木质搁板

印花壁纸

黑色烤漆玻璃

白枫木装饰线

印花壁纸

印花壁纸

釉面墙砖

白枫木装饰线

雕花银镜

印花壁纸

如何用壁纸装饰电视墙

1.在常规壁纸中，最适宜用在家庭中的是胶面（PVC）壁纸，它结实、耐磨、易打理，并且具有多种纹路花色可供选择。

2.在整体铺贴前，务必先取一块壁纸在墙壁上试贴一下，试验的样品面积越大越好，这样容易看出铺贴后的效果。所以，在选购壁纸时，最好向商家索要一张面积较大的样品。

3.壁纸的颜色和图案直接影响空间气氛，冷色及亮度较低的颜色可以使人精力集中，情绪安定，适宜用在电视墙上。

4.在决定壁纸的风格时，要考虑到地面材料、家具、饰品、布艺和灯光的装修设计风格，达到整体空间的协调、统一。

印花壁纸

白枫木装饰线

印花壁纸

印花壁纸

条纹壁纸

印花壁纸

手绘墙饰

石膏板拓缝

黑色烤漆玻璃

印花壁纸

印花壁纸

装饰茶镜

雪弗板雕花

白枫木饰面板拓缝

白色乳胶漆

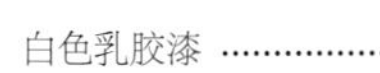

印花壁纸

仿古砖

镜面陶瓷锦砖

印花壁纸

石膏板拓缝

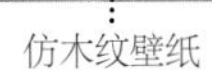

仿木纹壁纸

陶瓷锦砖

条纹壁纸　　白枫木装饰线

印花壁纸

黑色烤漆玻璃

陶瓷锦砖

石膏板拓缝

水晶装饰珠帘

印花壁纸

雪弗板雕花

仿古砖

黑色烤漆玻璃

羊毛地毯

白色釉面墙砖

白枫木踢脚线

白枫木装饰线

印花壁纸

条纹壁纸

石膏板拓缝

石膏板拓缝

印花壁纸

印花壁纸

皮革软包

如何选购壁纸

应考虑所购壁纸是否符合环保、健康的要求，质量性能指标是否合格。消费者在选购时不妨通过看、摸、擦、闻四种方法检查壁纸质量。

1.看。首先要看是否经过权威部门的有害物质限量检测，其次看其产品是否存在瑕疵，好的壁纸看上去自然、舒适且立体感强。

2.摸。用手触摸壁纸，感觉其是否厚实，以及左右厚薄是否一致。

3.擦。用微湿的布稍用力擦纸面，如果出现脱色或脱层现象，则说明其耐摩擦性能不好。

4.闻。闻一下壁纸是否有异味。

印花壁纸

石膏板拓缝

白枫木格栅

印花壁纸

条纹壁纸

白枫木饰面板

釉面墙砖

混纺地毯

装饰银镜

文化石

石膏板拓缝

手绘墙饰

条纹壁纸

石膏板拓缝

白枫木装饰线

亚光艺术墙砖

车边灰镜

雕花银镜

水曲柳饰面板

压白钢条

木质搁板

印花壁纸

装饰灰镜

雕花银镜

印花壁纸

装饰银镜

印花壁纸

仿古砖

雪弗板雕花贴银镜

白枫木装饰线

木质搁板

白色釉面墙砖

车边银镜

印花壁纸

木质搁板

印花壁纸

石膏板浮雕

印花壁纸

钢化清玻璃

装饰银镜

米黄色洞石

电视墙设计如何发挥材料的功能性

电视墙不仅要起到装饰的作用，也要起到吸声降噪的作用。首先在选材上，不宜选择过硬过重的材质，材质过重或安装不牢会留下隐患，而过硬的材质对声波的折射太强，容易产生共振和噪声。

其次，电视墙不应做得过于平整，应选择立体或有浮雕的材质，这样才能把回声和噪声减到最低，更完美地展现家庭影院的音质。可以尝试用矿棉吸声板做电视吸声墙，将矿棉吸声板粘在平整的墙面或细木工板上，通过精心设计组合成一定的图案，也可用涂料将吸声板涂刷成自己喜爱的颜色，既具有装饰性，又有很强的实用性，起到吸声降噪的作用。贴壁纸是做电视墙最稳妥的方法，只要选好与整体装修风格相配的壁纸就可以了。

石膏板拓缝

印花壁纸

石膏板浮雕

白色釉面墙砖

雪弗板造型隔断

茶色镜面玻璃

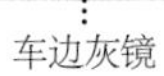
车边灰镜

木质搁板

布艺软包

雪弗板雕花

条纹壁纸

雪弗板造型贴银镜

印花壁纸

石膏板拓缝

白色釉面墙砖

雪弗板雕花贴银镜

车边银镜

印花壁纸

车边银镜

石膏板格栅吊顶

印花壁纸

印花壁纸

白色釉面墙砖

清新装修风格的特点

清新装修风格以单种着色作为基本色调，如白色、浅黄色等，给人以纯净、文雅的感觉，可以增加室内的亮度，使人容易产生乐观的情绪；也可以很好地对比衬托，调和鲜艳的色彩，产生美好的节奏感及韵律感，像一个干净的舞台，最大限度地表现陈设的品质、灯具的光亮、色彩的活力。许多准备装修的房主会把清新装修风格与简约风格相混淆，两者虽然有共同之处，但在细节上还是有很大区别的。清新装修风格既有简约风格的大方实用，又为室内增添了一些鲜活与温暖。

米色玻化砖

仿古砖

印花壁纸

雕花烤漆玻璃

黑胡桃木饰面板

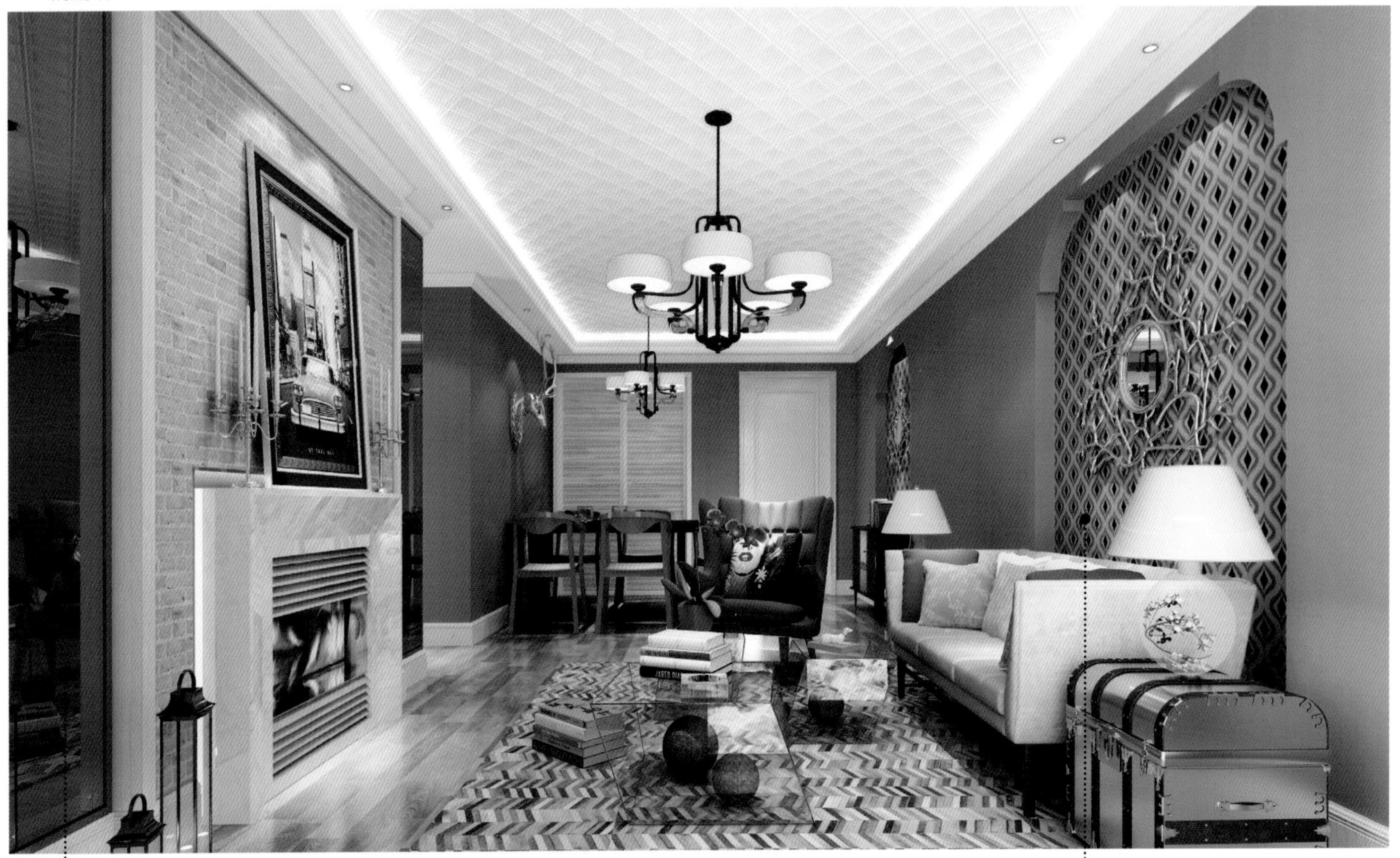

装饰灰镜

条纹壁纸

装饰灰镜

深咖啡色网纹大理石波打线

条纹壁纸

皮革硬包

石膏板拓缝

木质搁板

白枫木饰面板

有色乳胶漆

白枫木装饰线

水曲柳饰面板

雕花银镜

石膏板

印花壁纸

羊毛地毯

条纹壁纸

强化复合木地板

雕花银镜

装饰银镜

羊毛地毯

强化复合木地板

石膏板顶角线

印花壁纸

车边银镜

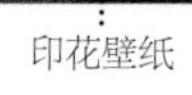

艺术地毯

灰白色洞石

爵士白大理石

印花壁纸

白色玻化砖

印花壁纸

仿古砖

木纹大理石

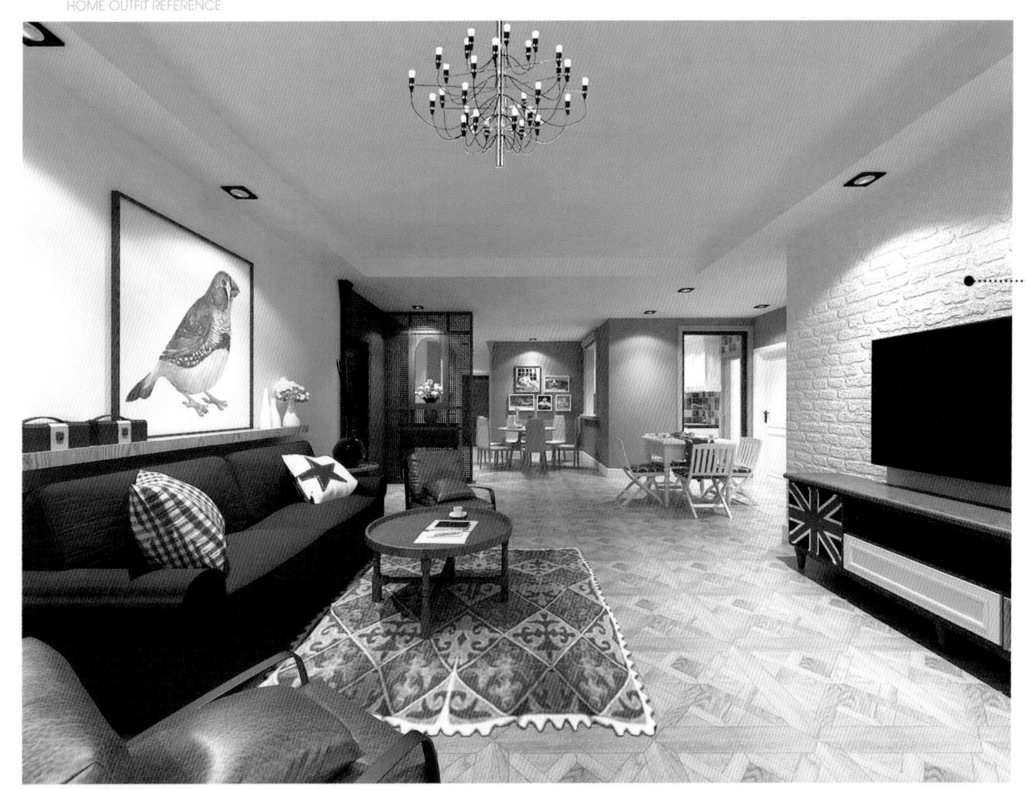

白色釉面墙砖

黑色烤漆玻璃

印花壁纸

羊毛地毯

印花壁纸

TIPS

如何体现客厅的清新感

客厅的地板与墙壁都应采用大面积色块，搭配花朵图案的沙发、地毯，色系可选用渐进色，协调统一观感。地板不宜选用大面积过深的颜色，避免让客厅色彩变得凝重、缺乏活力。墙面可选用浅色壁纸或几何图案壁纸，切忌与客厅整体颜色不一致。在客厅的茶几上可以铺上桌布，选取带有波点的柔色桌布，营造童话般的氛围。还可以搭配青色的茶杯与花朵图案的碟子，小细节里充满春天般清新的气息。

印花壁纸

肌理壁纸

仿古砖

雪弗板雕花

印花壁纸

米色网纹大理石

白枫木装饰线

雪弗板雕花

水曲柳饰面板

条纹壁纸

车边银镜

中花白大理石

白枫木窗棂造型

木纹大理石

黑色烤漆玻璃

米色网纹大理石

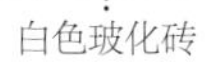

白色玻化砖

印花壁纸

雪弗板雕花贴银镜

白色玻化砖

装饰灰镜

皮革软包

爵士白大理石

石膏板拓缝

黑白根大理石踢脚线

釉面墙砖

木质搁板

强化复合木地板

仿古砖

木纹玻化砖

雕花茶镜

印花壁纸

装饰银镜

仿古砖

茶色烤漆玻璃

陶瓷锦砖

清新风格客厅地面的色彩设计

1.家庭的整体装修风格是确定地面明度的首要因素。深色调地面的感染力和表现力强，个性鲜明；浅色调地面清新典雅。

2.地面颜色与家具互相搭配。地面颜色要能够衬托家具的颜色：浅色家具可与深浅颜色的地面任意组合；深色家具与深色地面的搭配则要格外注意，以免整体感觉沉闷压抑。

3.客厅的采光条件也限制了地面颜色的选择，尤其是楼层较低、采光不充分的客厅，更要注意选择亮度较高、颜色适宜的地面材料，应尽可能避免使用颜色较暗的材料。

强化复合木地板

条纹壁纸

有色乳胶漆

强化复合木地板

仿古砖

木质搁板

中花白大理石

水曲柳饰面板

木纹玻化砖

中花白大理石

印花壁纸

印花壁纸

条纹壁纸

白枫木装饰立柱

印花壁纸

实木地板

车边银镜

雪弗板雕花贴茶镜　　仿古砖

强化复合木地板

直纹斑马木饰面板

米色洞石

装饰银镜

有色乳胶漆

仿古砖

印花壁纸

米色玻化砖

榉木饰面板

白枫木饰面板

印花壁纸

雕花茶镜

米色大理石

条纹壁纸

仿古砖

如何选择不同朝向客厅的涂料颜色

1.朝南的客厅无疑是日照时间最长的。充足的日照使人感觉温暖，同时也容易使人浮躁。因此，大面积深色的应用会使人感到更舒适。

2.朝西的客厅由于受到一天中最强烈的落日夕照的影响，感觉会比较热，客厅墙面如果选用暖色，则会加重这种感觉，而选用冷色系涂料会让人觉得清凉些。

3.朝东的客厅最先晒到阳光。由于早上的日光最柔和，所以可以选择任何颜色。但是房间也会因为阳光最早离开而过早变暗，所以高亮度的浅暖色是最理想的选择，如明黄色、淡金色等。

4.朝北的客厅因为没有日光的直接照射，在选墙面色时应多用暖色、避免冷色，且用色明度要高，不宜用暖而深的色调，这样会使空间显得阴暗，让人感觉沉闷、单调。

仿古砖

强化复合木地板

米色玻化砖

木质搁板

石膏板拓缝

羊毛地毯

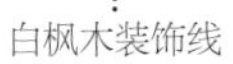

白枫木装饰线

木质搁板

印花壁纸

羊毛地毯

雪弗板造型贴银镜

肌理壁纸

浮雕壁纸

羊毛地毯

印花壁纸

雕花茶镜

仿古砖

镜面陶瓷锦砖

浅咖啡色网纹大理石波打线

米黄色大理石

白色釉面墙砖

强化复合木地板

雕花银镜　　浮雕壁纸

车边银镜

石膏板拓缝

雕花银镜

印花壁纸

米色大理石

印花壁纸

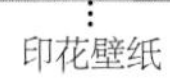

印花壁纸

条纹壁纸

雪弗板雕花贴茶镜

泰柚木饰面板

如何确定客厅地砖的规格

1.依据居室大小来挑选地砖。房间的面积如果偏小，就尽量选用小规格的地砖。具体来说，如果客厅面积在30m²以下，考虑用600mm×600mm的规格；如果客厅面积在30~40m²，则600mm×600mm或800mm×800mm的地砖都可用；如果客厅面积在40m²以上，就可考虑用800mm×800mm规格的地砖。

2.考虑家具所占用的空间。如果客厅被家具遮挡的面积较大，则应考虑用规格较小的地砖。

3.考虑客厅的长宽。就效果而言，以地砖能全部整片铺贴为好，也就是铺贴到边角处尽量不裁砖或少裁砖，尽量减少浪费。一般而言，地砖规格越大，浪费也就越多。

4.考虑地砖的造价和费用问题。对于同一品牌、同一系列的产品来说，地砖的规格越大，价格也会越高，不要盲目地追求大规格产品，在考虑以上因素的同时，还要结合一下自己的预算。

白色玻化砖

中花白大理石

红松木装饰假梁

皮革软包

白色洞石

仿古砖

雪弗板雕花

肌理壁纸

胡桃木装饰假梁

仿古砖

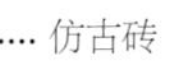

印花壁纸

水晶装饰珠帘

木质搁板

羊毛地毯

印花壁纸

胡桃木装饰假梁

装饰银镜

手绘墙

陶瓷锦砖

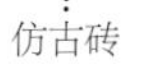

仿古砖

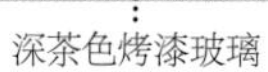

深茶色烤漆玻璃

石膏板拓缝

羊毛地毯

印花壁纸

印花壁纸

木纹玻化砖

陶瓷锦砖

有色乳胶漆

手绘墙饰

白枫木装饰线

强化复合木地板

镜面陶瓷锦砖

印花壁纸

白枫木格栅

印花壁纸

客厅选购灯具应考虑哪些因素

1.安全性。在选择灯具时不能一味地贪图便宜，而要先看其质量，检查质保书、合格证是否齐全。最贵的不一定是最好的，但太廉价的一定是不好的。很多便宜灯质量不过关，往往隐患无穷，一旦发生火灾，后果不堪设想。

2.灯饰选择上要注意风格一致。灯具的色彩、造型、式样必须与室内装修和家具的风格相称，彼此呼应。在灯具色彩的选择上，除了须与室内色彩基调相配合之外，也可根据个人的喜好选购。尤其是灯罩的色彩，对调节气氛起着很大的作用。灯具的尺寸、类型和数量要与客厅面积、总体面积、室内高度等条件相协调。

条纹壁纸

有色乳胶漆

印花壁纸

米色玻化砖

装饰壁画

混纺地毯

肌理壁纸

印花壁纸

雪弗板雕花

印花壁纸

白枫木装饰线密排

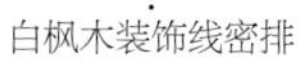

木质搁板

陶瓷锦砖

布艺软包

印花壁纸

印花壁纸

石膏板格栅

石膏板拓缝
米色玻化砖

雪弗板雕花

条纹壁纸

羊毛地毯

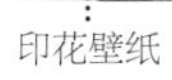

印花壁纸

密度板混油

鹅卵石贴面

石膏板拓缝

印花壁纸

中花白大理石

印花壁纸

陶瓷锦砖

仿古砖

黑色烤漆玻璃

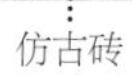

印花壁纸

石膏板拓缝

餐厅背景墙装修的注意事项

餐厅背景墙装修是居室装修的重要环节，因为它可能决定着餐厅装修的整体效果。在装修餐厅背景墙的时候，要考虑自己的喜好，使餐厅的风格符合个人的品位，因为自己喜欢的才是最好的。可以打造壁画似的装饰墙，还可以手绘出随性又自由的画作，营造出轻松愉悦的用餐环境。也可以悬挂异国情调的装饰，在家享受西餐、日韩料理的时候，用餐氛围胜过任何星级餐厅。

白枫木踢脚线

泰柚木踢脚线

深咖啡色网纹大理石波打线

印花壁纸

有色乳胶漆

印花壁纸

白枫木百叶

车边银镜

白枫木装饰线

条纹壁纸

印花壁纸

车边银镜

水晶装饰珠帘

有色乳胶漆

强化复合木地板

中花白大理石

白枫木装饰线

中花白大理石

印花壁纸

白枫木踢脚线

黑色人造大理石踢脚线

白枫木踢脚线

印花壁纸

白枫木踢脚线

印花壁纸

强化复合木地板

泰柚木饰面板

装饰灰镜

强化复合木地板

如何规划餐厅的空间布置

规划餐厅的空间布置，不仅要注意从厨房配餐到顺手收拾的方便、合理性，还要体现出家庭和气、欢乐的气氛。用餐空间的大小，要结合整个居室空间的大小、用餐人数、家具尺寸等多种因素来决定。餐桌的造型一般有正方形、长方形、圆形等，而不同造型的餐桌所占的空间也是不同的。另外，餐厅里除了餐桌、餐椅等家具外，也可以根据条件来设置酒柜、收纳柜。盛饭用的器皿一般都会收藏在厨房内，而进餐时用的杯子、酒类、刀叉类、餐垫、餐巾等可以放在专门的收纳柜或者酒柜里。

雪弗板雕花

印花壁纸

木质搁板

强化复合木地板

仿古砖

车边银镜

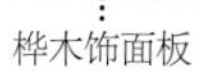

桦木饰面板

印花壁纸

雕花清玻璃

混纺地毯

条纹壁纸

强化复合木地板

有色乳胶漆

白枫木踢脚线

条纹壁纸

仿古砖

印花壁纸

印花壁纸

胡桃木踢脚线

白枫木装饰线

强化复合木地板

中花白大理石

白色玻化砖

木质搁板

印花壁纸

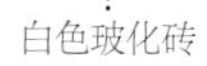

泰柚木饰面板

磨砂玻璃

餐厅的色彩设计

对餐厅墙面进行装饰时，要从建筑内部把握空间，运用科学技术及文化艺术手段，创造出功能合理、舒适美观、符合人的生理及心理要求的空间环境。在装饰设计中绝不能忽略色彩的作用，从为装饰而装饰提高到对艺术风格、文化特色和美学价值的追求及意境的创造。餐厅装修的色彩搭配一般都是根据客厅的色彩而定的，因为目前国内多数的建筑设计，餐厅和客厅都是相通的，这主要是从空间感的角度来考虑。对于独立的餐厅，宜采用暖色系，因为从色彩心理学上来讲，暖色有利于促进食欲，这也就是为什么很多餐厅采用黄色系和红色系的原因。暖色调的墙面，如乳白色、淡黄色等，可通过贴壁纸或粉刷乳胶漆来实现；餐厅灯光要柔和，不强烈、不刺眼。

雪弗板雕花贴银镜

白枫木踢脚线

强化复合木地板

强化复合木地板

车边银镜

车边银镜吊顶

印花壁纸

桦木踢脚线

白枫木格栅

条纹壁纸

车边银镜

仿古砖

铝制百叶

桦木饰面板

手绘墙饰

印花壁纸

卧室背景墙色彩如何设计

在卧室背景墙的色彩选择上，应以和谐、淡雅为宜。对局部的纯色搭配应慎重，稳重的色调较受欢迎，如活泼而富有朝气的绿色系，欢快而柔美的粉红色系，清凉而浪漫的蓝色系，灵透雅致的灰调或茶色系，热情中充满温馨气氛的黄色系。想营造出优雅的卧室氛围，就要放弃艳丽的颜色，而略带灰调子的颜色，如灰蓝、灰紫都是首选，灰白相间的花朵壁纸也可以把优雅风范演绎到极致。

印花壁纸

印花壁纸

条纹壁纸

印花壁纸

雕花银镜

皮革软包

有色乳胶漆

皮革软包

印花壁纸

木质搁板

榉木踢脚线

布艺软包

混纺地毯

印花壁纸

印花壁纸

条纹壁纸

条纹壁纸

印花壁纸

羊毛地毯

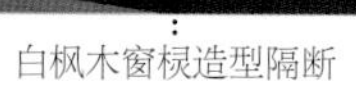

白枫木窗棂造型隔断

印花壁纸

皮革软包　印花壁纸

艺术地毯

强化复合木地板

混纺地毯

印花壁纸

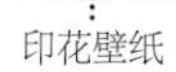
印花壁纸

仿古砖

雕花热熔玻璃

印花壁纸

布艺软包

卧室墙面装修如何隔声

卧室应选择吸声、隔声性能好的装饰材料，如触感柔细、美观的布贴，具有保温、吸声功能的挂毯或背景墙的软包都是卧室的理想之选。卧室墙面若要做隔声处理，可以安装隔声板，但要在原有的墙体上加厚8~15cm才能达到较好的隔声效果。窗帘应选择遮光性、防热性、保温性以及隔声性较好的半透明的窗纱或遮光窗帘。

印花壁纸

强化复合木地板

仿古砖

印花壁纸

布艺软包

强化复合木地板

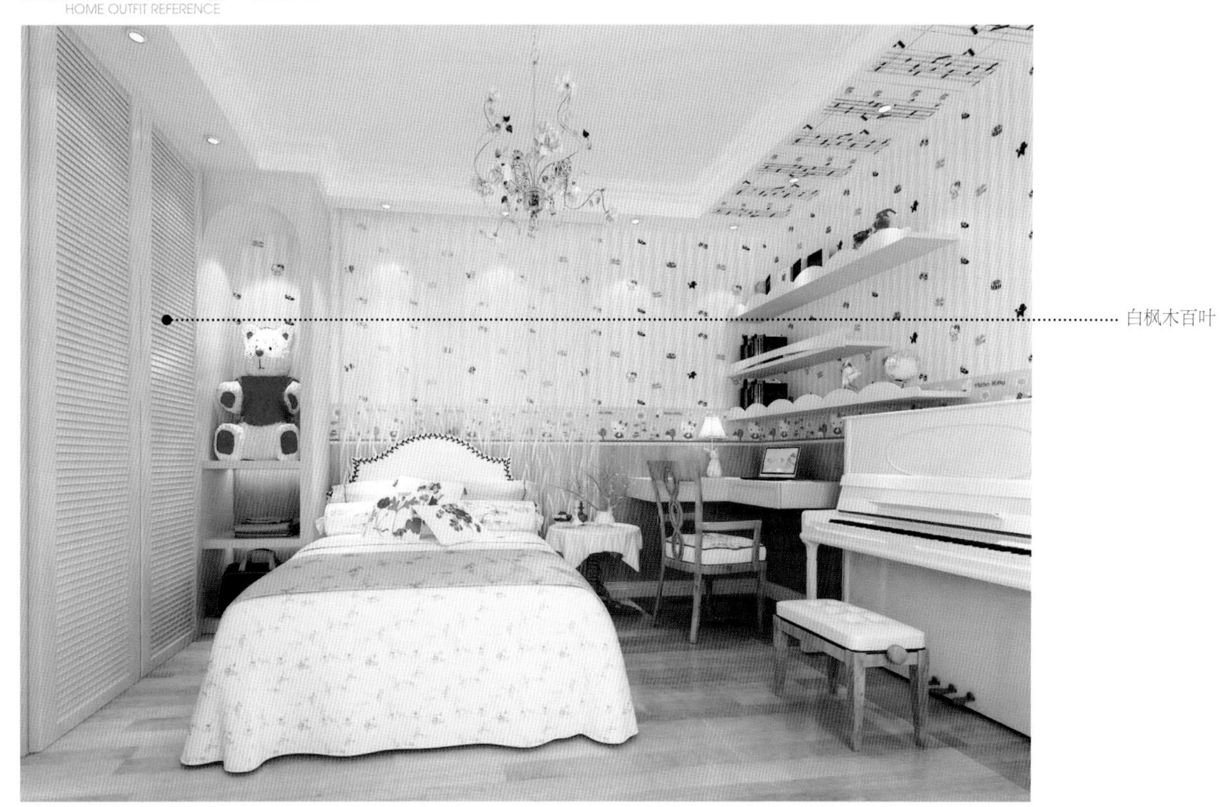

白枫木百叶

印花壁纸

白枫木踢脚线

布艺软包

红樱桃木饰面板

雕花茶镜

桦木饰面板

混纺地毯

印花壁纸

印花壁纸

强化复合木地板

条纹壁纸

白枫木装饰线

艺术地毯

白枫木窗棂造型

白枫木顶角线

皮革软包

卧室背景墙施工应该注意什么

卧室背景墙应根据床宽来选择适宜的高度来进行设计。同时，要预先布好灯线，留出插座的电源线。按照预定的宽度、高度，把木龙骨做成井字排架，木排架的纵横间距应在300mm左右，然后钉上胶合板。在平整的胶合板板面上，用带有塑料泡沫底子的壁布粘贴。由于泡沫壁布有一定的厚度，且具弹性，因此，可预先在其上缝出适宜的浮雕状几何图案。粘贴固定之后，周边用窄木板压封包边，或根据房间的总体效果采用细白钢管来圈定边框并加以固定。

强化复合木地板

松木装饰假梁混油

强化复合木地板

强化复合木地板

印花壁纸

肌理壁纸

白枫木格栅吊顶

车边灰镜

布艺软包

艺术地毯

白枫木装饰线

布艺软包